北极熊
科普佳作丛书
赵致真/主编

飞向蓝天

[苏]卡尔·阿隆/著
姚利芬/译

長江出版传媒
长江少年儿童出版社

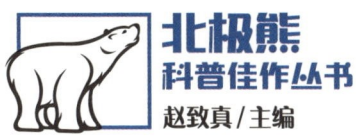

图书在版编目（CIP）数据

飞向蓝天/（苏）卡尔·阿隆著；姚利芬译. 武汉：长江少年儿童出版社，2025.1. --（北极熊科普佳作丛书/赵致真主编）. -- ISBN 978-7-5721-5398-3

Ⅰ. V4-49

中国国家版本馆 CIP 数据核字第 20248LX416 号

北极熊科普佳作丛书·飞向蓝天
BEIJIXIONG KEPU JIAZUO CONGSHU · FEIXIANG LANTIAN

出 品 人：何　龙
策　　划：何少华　傅　箎　谢瑞峰
责任编辑：罗　曼
责任校对：邓晓素
出版发行：长江少年儿童出版社
业务电话：027-87679199
网　　址：http://www.cjcpg.com
承 印 厂：武汉精一佳印刷有限公司
经　　销：新华书店湖北发行所
规　　格：720 毫米 ×970 毫米　16 开
印　　张：8.5
字　　数：105 千字
版　　次：2025 年 1 月第 1 版
印　　次：2025 年 1 月第 1 次印刷
书　　号：ISBN 978-7-5721-5398-3
定　　价：32.00 元

本书如有印装质量问题，可联系承印厂调换。

编撰人员

策　　划：雷元亮　武际可

顾　　问：卞毓麟　金振蓉　尹传红

主　　编：赵致真

编委会

战　钊　胡珉琦　陈　静　傅　篯

彭永东　张　戟　梁　伟　高淑敏

武汉广播电视台《科技之光》

前 言

　　老人在外面遇到好吃的东西，总想带回去给孩子们尝尝。如果碰巧遇到自己小时候最喜爱的美食，而且市面上已经多年罕见，就更会兴奋不已和留恋不舍——我这几年来忙着张罗出版"北极熊科普佳作丛书"，心情便大抵如此。

　　1956年，我在武汉市第二十一中学读初中，每天下午4点放学后，便急急赶到对面的武汉图书馆。阅读的内容丰富而单纯，全是清一色的苏联科普读物。管理员阿姨也对我这个痴迷的小读者另眼相看，总能笑眯眯地把我前一天没读完的书取过来。每逢当月的《知识就是力量》《科学画报》出版，或者图书馆进了新书，管理员阿姨便拿给我先睹为快。正是其中的苏联科普作品，开阔了我少年时的眼界和心胸，启发了我最早的疑问和思考，培养了我对科学终生的兴趣和热爱。我对苏联科普作品的"情结"是其来有自的。

　　有次和叶永烈老师闲聊，原来他也曾经是苏联科普大师伊林和别莱利曼的忠实粉丝。后来我才知道，我国的科普前辈高士其、董纯才、陶行知、顾均正等，无不深受苏联科普作品的熏染。饮水思源，寻根返本，正是苏联科普作品哺育过中国一代科普人。

　　此后随着世事变迁，苏联科普作品在中国几乎销声匿迹了。待到改革开放，我们科普出版界的主要兴趣和目光投向了美国、英国。我自己也是阿西莫夫、萨根、霍金的热烈追捧者。而苏联在1991年解体，加上我国俄语人才锐减，苏联科普作品在中国就更是清水冷灶，鲜见寡闻了。

　　也算是机缘巧合，当我从事科普写作需要查阅大量资料文献时，"淘书"嗜好的"主场"渐渐转到了互联网。经过多年积累，我的磁盘里已经储存了万余册电子书。出乎意料的是，我竟然通过不同方式和渠道，陆续获得了近千本苏联科普书籍，而且全是英语版。可见当年苏联多么重视国际文化交流。

　　久违如隔世，阔别一花甲！我在电脑上遍览这些"倘来之宝"，大有重逢故知的感慨。苏联科普作品的风格和特色我一时总结不出来，却能立刻体验到稔熟的气息和味道。这些作品大都出版于20世纪70至80年代，当时苏联和美国的科技并驾齐驱，也是苏联解体前科普创作的黄金岁月。如此重要的历史阶段，如此大量的文明成果，在中国却少有记载，无论出于怎样的阴差阳错，都是一种缺失和遗憾。

姑且不谈中国科普出版物的时代连续性和文化完整性，应该补上这个漏洞和短板，但说纠正青少年精神营养的长期偏食，提高科普图书的均衡性和多样性，也是非常必要的。在美、英科普读物之外，我们还应该展现更多的流派和传统，提供其他的参照系和信息源。

诚然，几十年间人类的科技发展一日千里，但关于科学史、科学家、科学基本原理和思想方法的书籍不会过时。我特别欣赏苏联科普作品知识性和可读性的统一：浓郁深切的人文情怀，亦庄亦谐的高尚情趣，触类旁通的广度厚度，推心置诚的平等姿态。尤其是那些美不胜收、过目难忘的生动插图，大都出自懂得科学的著名画家之手，令人不由怀念起中国科普画家缪印堂先生。

最初我选定的"北极熊科普佳作丛书"是50本，分为"高中卷""初中卷""小学卷""学前卷"。感谢中国出版协会理事长邬书林、广电总局老领导雷元亮鼎力支持、指津解难；中国文字著作权协会帮助寻找版权人，并代为提存预支稿酬；科普界师友武际可、卞毓麟、尹传红等同心协力、出谋划策；长江少年儿童出版社何龙社长则独具慧眼、一力担当。我们决定按照"低开、广谱、彩图"的标准，首次出13册，先投石探路，再从长计议。并从封面到封底，保持原汁原味的版式，以便读者去权衡得失和斟酌损益。

在这13本小书即将付梓之际，原书作者都已去世，原出版社也消失了，连国家都解体了，作品却成为永恒的独立生命。这就是书籍的力量。

此时，我又感觉自己更像一只义不容辞的蜜蜂，在伙伴面前急切而笨拙地跳一通8字舞，来报告发现花丛的方向和路径。

赵致真
2021年8月于北京

目录

飞向蓝天 /3
人飞上了天空 /6
天空中的"雪茄" /8
重于空气 /10
这是一只鸟，这是一个人 /12
飞行兄弟 /14
第一次飞行 /17
飞行书架 /18
空中巨人 /20
长距离纪录 /22
伊尔驰援 /24
比声音还快 /26
飞机为什么会飞？/28
机场 /30
一个惊喜 /32
当你长大后 /34

人类如何学会了飞行 /37
轻于空气的飞行器 /41
谁第一个飞上天空 /41
谁制造了第一个气球？/42
可操纵的气球 /44
飞艇 /46

有翼飞行器 /48
人类是如何学会滑翔的 /48
从滑翔机到飞机 /52

更高，更快，更远 /55

宇宙飞船 /59
科学创举 /59
一位伟大的科学家 /61
太空飞行 /61

大海航行 /65
科赫小船 /67
划桨手 /68
大发现时代 /70
最早的俄罗斯航船 /72
背运的大东方号 /76
瓦良格号 /78
世界唯一的圆形船 /79
丢失的宠物 /80
马拉号军舰 /82
运输大象 /84
克拉辛号破冰船 /86

船舰大观 /91

奇妙的船 /111
龙头 /114
卡拉维尔帆船 /116
只航行了一天的船 /118
胜利号的最后一役 /120
飞剪式快船 /122
一次不可能的碰撞 /124
蓝色的驱逐舰 /126
革命之船 /128

飞向蓝天

[苏] 卡尔·阿隆 / 著

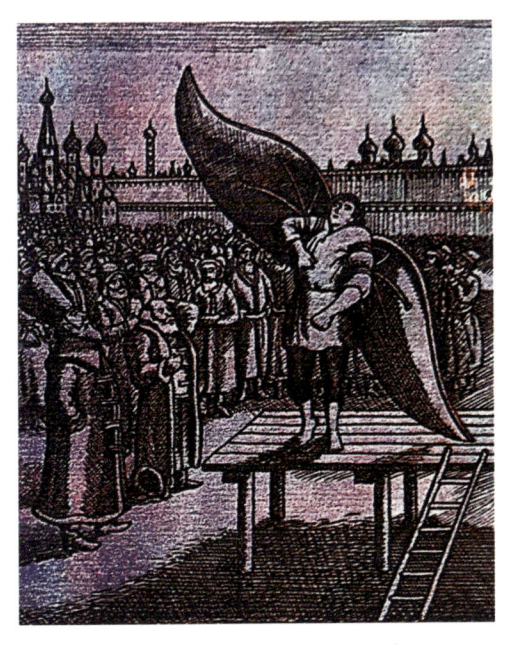

我们让梦想成真（引自一首歌）

人类可以像鹿一样跑，像蛇一样爬，像鱼一样游，却不能像鸟一样飞。几个世纪以来，人们一直这样认识，羡慕地看着鸟儿在天空中翱翔。他们梦想着："如果能跳上飞毯，或者用羽毛做翅膀，在森林和浮云上飞行，那该多好啊！"但很长一段时间，飞毯和有翅膀的人只存在于童话故事中。

很久以前，在古老的莫斯科，一个农民给自己做了一对皮革翅膀，到市场上公开宣布他能像鸟一样飞翔。人们聚集在台下，等着看会发生什么。农民脱下外套，把翅膀绑在肩上。"飞吧，叶梅尔卡！"人群中发出喊声。叶梅尔卡边跑边拍打翅膀，但他所有的尝试都失败了。

一些人大笑并且嘲讽，而另一些人则无奈地摇摇头："人确实是不能脱离地面的"。

事实证明，他们错了。

人们在飞翔的尝试中想到了各种各样的翅膀。

弗朗西斯科·德·拉纳的航空器，一种早期设计的气球。

人飞上了天空

许多年前，约瑟夫·蒙哥尔费和埃迪安·蒙哥尔费兄弟住在法国南部的一个小镇。他们好奇心强，思维敏捷。看着烟囱里冒出来的烟，兄弟俩想知道为什么会这样。他们认为，可能是因为热空气比冷空气轻，所以浓烟会升空。兄弟俩糊了一只巨大的纸气球，然后用大火中产生的烟灌满。气球立即升起来，并迅速增加高度。

几个月过去，人类第一次乘坐蒙

蒙哥尔费热气球上最早的乘客：一只羊、一只公鸡和一只鸭子。

"你真的看到了那个魔幻般的场景吗，蒙哥尔费飞行？"
"我看到了，在我小的时候，当时国王也看到了。"

哥尔费气球飞行的日子来临了。他们的名字叫皮拉特雷·德·罗齐尔和洛朗·阿兰德斯。数百名好奇的巴黎人挤满了广场,像乌鸦一样排列在屋顶和烟囱上。

一声炮响,烟雾弥漫的气球开始在广场上空缓慢升起,人群发出赞叹的呼喊:"有人飞上天了! 好样的! 皮拉特雷!"

突然,一阵风把气球吹向一棵树。眼看树枝就要刺穿气球,但皮拉特雷保持着高度警惕。他抓起一些稻草,扔进气球下的火炉里。热空气涌进气球,使它顺利升起,飘浮在树的上方。

"感觉怎样?"当气球返回地面时,人们问皮拉特雷。

"好极了!"这位飞行员非常兴奋,"这是做梦才会想到的事!"

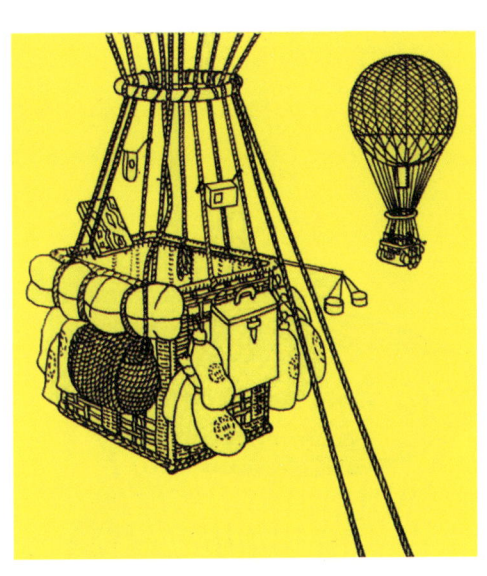

装有压舱麻袋的气球舱。扔下麻袋能使气球飞得更高。

天空中的"雪茄"

第一次乘坐气球飞行发生在大约 200 年前。从那时起,人们多次乘坐气球。只是后来,它们才被充填了一种轻质气体而不是烟雾。然后安装一个马达来推动螺旋桨,气球变成了飞艇或飞船,这意味着它可以被操纵了。

飞艇就像一个巨大的、肥胖的雪茄。一个吊舱被悬挂在下面。

1852

法国人吉法德建造的第一艘带有蒸汽机的飞艇

俄罗斯人马利金的鱼雷飞艇方案

宇航学创始人康斯坦丁·齐奥尔科夫斯基的全金属飞艇模型

你可以进入吊舱,启动马达,飞到你想去的地方:不像气球,一切都取决于风。

飞艇在天空中飘浮,而它的对手——有翅膀的飞机,却高飞在云层之上。

然而,飞机则是另一个故事了。

飞艇的驾驶舱就像船桥

空中自行车

苏联飞艇1936年创下了飞行时间最长的世界纪录。

重于空气

一群陆军军官拥挤在一处有栅栏的宽阔场地上,围着一个不寻常的机器。他们正在检查一艘带轮子的长形船。它有两个长方形的翅膀和一个尾巴,三个螺旋桨,一个在前面,两个在两边,和一台蒸汽机相连接。这是俄国军官莫扎伊斯基制造的第一架飞机。大家都焦急等待着测试的开始。这是重于空气的飞行器最早的尝试之一。

一种飞行器的设计

终于,发动机开始喷气,螺旋桨转动,冒着烟的机器发动起来,并沿着轨道加速。它跳了起来,离开地面一秒钟,很快就机翼着地。发动机太弱又太沉了,无法使这台笨重的飞行器停留在空中。

由法国工程师克莱门特·阿代尔设计的最早带有蒸汽机的飞行器之一。它的翅膀就像蝙蝠,只是大得多,每个有7米长。螺旋桨类似于鸟的羽毛。

1885

由莫扎伊斯基上尉在俄罗斯建造的单翼飞机（有一对机翼的飞机）。它看起来比其他飞行器更像现代飞机。

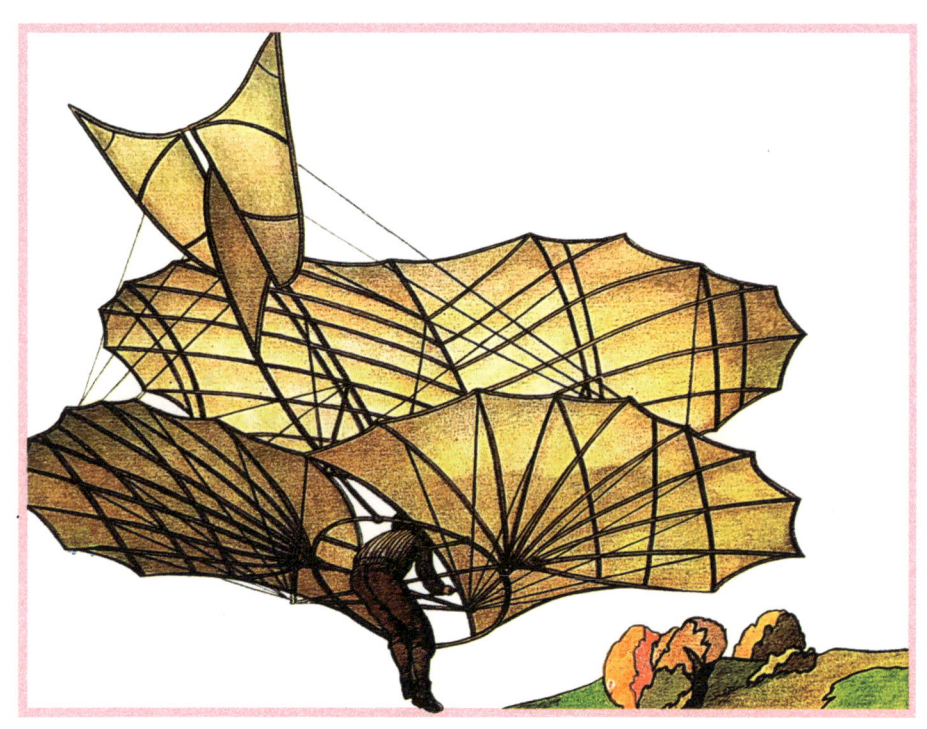

这是一只鸟,这是一个人

他站在一座高山上,张开翅膀。从远处看,就像一只奇特的鸟,尽管他穿着长裤和夹克。这只"鸟"的翅膀也很不寻常:取代羽毛的是亚麻布片,伸展并覆盖着木架。而一个翅膀叠放在另一个翅膀上,看起来很像船的帆。

好奇的围观者挤在山脚下。

"那个古怪的家伙是谁?"一个花花公子用手杖指着山顶问道,"显然,他打算折断自己的脖子。"

"是李林塔尔先生,"他旁边的人回答,"奥托·李林塔尔,一位来自柏林的工程师。"他正准备补充说,这不是他第一次观看李林塔尔的飞行,但突然听到有人兴奋地喊道:"他飞了!"所有人都抬起头来。

在飞机发明前不久，有人就是这样想象它的模样。

莱特兄弟的滑翔机上出现了活动部件。前面的舵用于控制上下移动，后面的舵用于操纵左右移动。

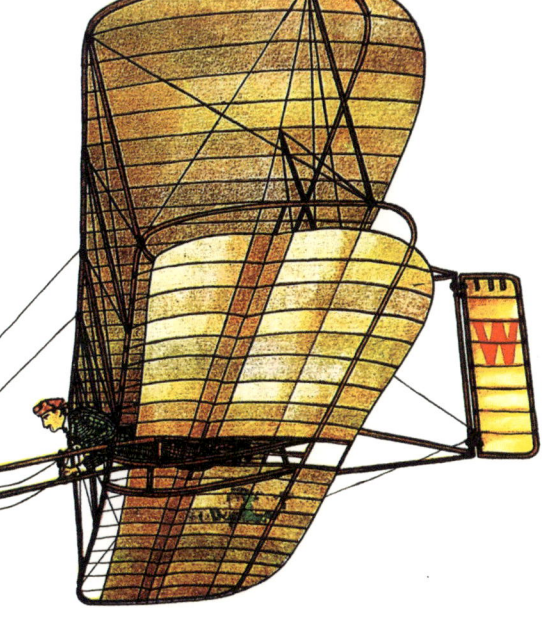

1900

那人正在离地面约 30 米的高度滑翔，就像他在儿童喜爱的风筝上一样。这种带翅膀的风筝被称为滑翔机。

当风筝向一侧倾斜，似乎要翻倒时，这个人向相反的方向伸出双腿，让装置平衡。通过这种方式，他可以控制飞行。

几秒钟后，滑翔机顺利着陆。这人回头看看说："很好，几乎是 100 米！"

他是第一个会用翅膀飞的人。

13

飞行兄弟

威尔伯·莱特和奥维尔·莱特生活在美国。童年时期，他们就喜欢制作玩具，糊个风筝。当他们长大一些时，开始修理自行车。邻居们说，这些孩子是天生的机械师。

有一天，兄弟俩在报纸上看到了奥托·李林塔尔去世的消息。这位勇敢的滑翔者没有很好应对风力，造成了滑翔机倾翻和坠毁。兄弟俩决定："我们要建造自己的滑翔机并学习飞行，但必须想办法防止倾翻。"

他们发明了用来驾驶的方向舵。他们想：在滑翔机上装一个带螺旋桨的汽油发动机不是很好吗？那么我们的机器就可以自己起飞，成为一架飞机。

兄弟俩工作了很长时间，最后，发动机准备好了。第一次试飞的日子到来了。奥维尔·莱特趴在机翼上，他的双手紧紧握住控制器。一股气流冲击着奥维尔。螺旋桨开始转动，装置开始前移，轨道上的滑行速度越来越快，突然之间，它升入空中了。

飞机飞得很不平稳，先是腾空而起，然后低头冲向地面，但仍然

1903

莱特兄弟完成了飞机的首次飞行，从而开创了航空事业。这是莱特飞机的后期型号之一。

在螺旋桨的驱动下继续前进。在飞行 30 米后，飞机成功着陆。

"现在轮到我了！"威尔伯说。他把帽子往下一拉，遮住眼睛，爬上机翼。

那天，兄弟俩做了四次飞行。最后一次，飞机飞了 250 多米，在空中停留了将近一分钟。

15

第一次飞行

这项发明没有立即得到赏识。一位美国记者在听说莱特兄弟的首次飞行后说:"这甚至不值得在报纸上报道。""如果这些小伙子能成功地飞行至少一英里,那还像回事。但没有人能够做到这一点。"事实证明他错了。大约五年后,法国飞行员布莱里奥首次驾驶他自己设计的飞机在两个城市之间飞行。当他成功地飞越英吉利海峡到达英国时,许多人意识到飞机并不是一个玩具。

人们决定在离巴黎不远的一个小镇上举行第一次飞行比赛。共有36名飞行员参加,每人都有自己的飞机。一架飞机像个箱形风筝,另一架像只巨大的蜻蜓,第三架看起来像一只骑着自行车的奇特的鸟。

"它怎么能飞起来呢?"人们看着这些古怪的用绳索连接起来的有翼结构,发出疑惑的感叹。一个穿着皮夹克的人,在木制支架间的机翼上当风而坐,脚踩在踏板上准备出发。机械师转动螺旋桨,飞机起步,在草地上驶过,在坑洼的地面上颠簸。一秒钟后轮子离开了地面。

"他飞起来了!"人群欢呼着。

音乐响起,各种帽子抛向空中,另一架飞机从机库里出来了。机库就像一个巨大的帆布帐篷。

飞行书架

在俄罗斯,早期的飞机被称为飞行书架,因为它们的水平机翼、支架和连杆,使它们看上去像书架。驾驶它们非常危险,飞上天空需要很大勇气。而在空中表演各种复杂动作,需要更大勇气。路人驻

并非每个人都有胆量驾驶如此简陋的飞行器。

足欣赏这些"飞行书架"。

男孩们会因为认出熟悉的飞行员的飞机而喜出望外。"看,米沙叔叔在飞!"他们就是这样称呼最喜爱的飞行员米哈伊尔·叶夫列莫夫——多次打破纪录的第一位俄罗斯飞行员。

沃伊森飞机是最早的战斗机之一。

英国索普威斯三翼机:一种有三排机翼的军用飞机。

第一次世界大战中战斗机之间的"犬斗"。

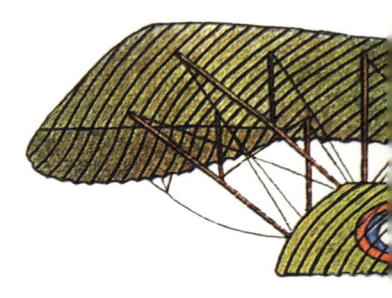

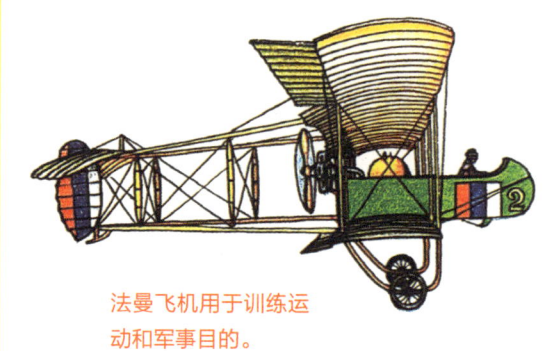

法曼飞机用于训练运动和军事目的。

空中巨人

每架飞机都有一个名字。大多数情况下,它们以设计师的名字命名。莱特、法曼、沃伊森、布莱里奥。苏联的图、伊尔和雅克飞机也是以它们的设计师图波列夫、伊留申和雅科夫列夫的名字命名。但第一架四引擎飞机,取名为伊利亚·穆罗梅茨,这是昔日一位荣耀的俄罗斯骑士的名字。这架飞机于1913年在俄罗斯制造,在当时是一个真正的"巨人"。伊利亚·穆罗梅茨的重量约4吨,可搭载15名乘客。

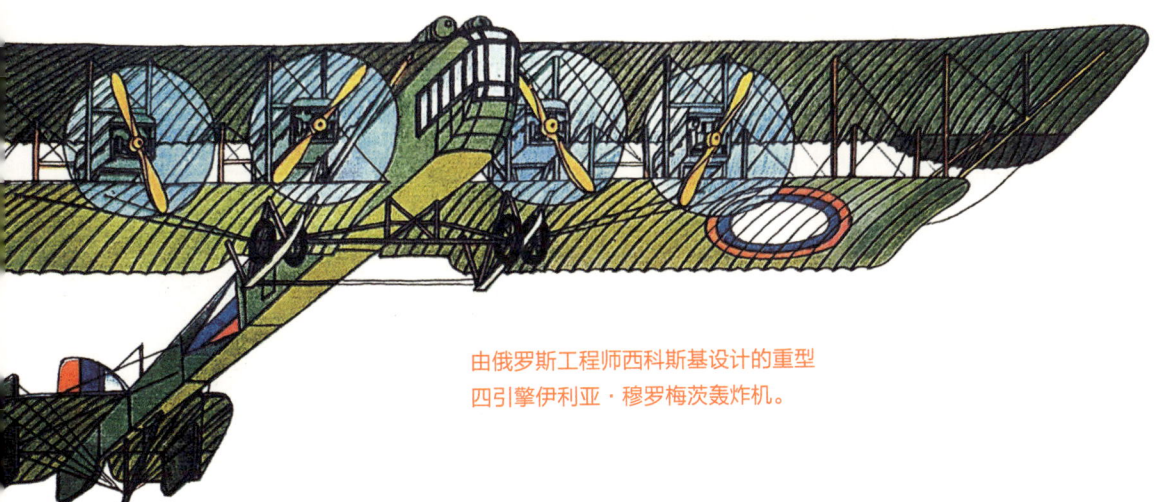

由俄罗斯工程师西科斯基设计的重型四引擎伊利亚·穆罗梅茨轰炸机。

当飞机在圣彼得堡上空呼啸而过，交通停止，马匹惊散，人们凝望天空，看着这个奇怪的机器。然而，它命定不会持久地搭载乘客。第一次世界大战爆发了，伊利亚·穆罗梅茨飞机随之转型。机舱里装进了炸弹，机尾架一挺机枪，飞行员旁边坐一名瞭望员。敌人要当心了，掘地三尺，否则炸弹会把你炸飞！

战争进行期间，革命爆发了。伊利亚·穆罗梅茨飞机的翅膀添上了红星，飞去帮助红军。现代苏联的超音速轰炸机是伊利亚·穆罗梅茨的直系后裔。

另一个巨人：巨轮、巨翼，还有一个巨人的名字——斯维亚托戈尔——古代俄罗斯骑士。

长距离纪录

苏联制造了一种特殊的飞机，ANT-25，用于不间断的长途飞行。它有加长的机翼和可伸缩的起落架。

著名飞行员米哈伊尔·格罗莫夫是第一次试飞的驾驶员。他启动了发动机，红色的机翼掠过跑道。工程师们挥舞着帽子大声呼喊："别让我们落空，米哈伊尔！好运！"

第一架全金属飞机 ANT-2

20世纪三四十年代飞行员的飞行装备——保暖工装、毛皮靴和毛皮手套，保护飞行员免受寒风侵袭。

格罗莫夫的飞机环绕国土飞行了三天。一个仪表精确记录着距离。3 000千米，5 000千米，然后是10 000千米。

不间断飞行纪录早已被打破，但飞机仍在继续绕着巨大的回环飞行。当它最终着陆时，仪表显示为12 400千米！

"非常感谢！"格罗莫夫握着工程师们的手说。这真是一架优秀的飞机！

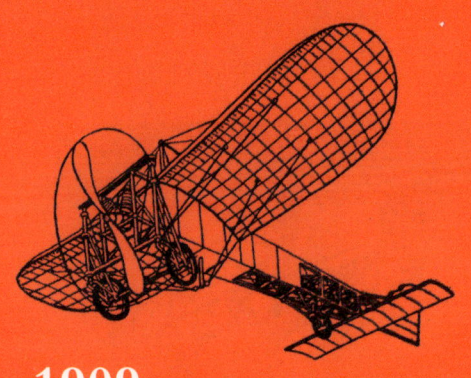

1909

布莱里奥 XI 单翼飞机是第一架飞越英吉利海峡的飞机。

1927

查尔斯·林德伯格是第一个独自从美国飞越大西洋到达欧洲的人，他的飞机叫作圣路易斯精神号。

1937

由苏联飞行员瓦列里·契卡洛夫指挥的 ANT-25 号机组第一个从苏联经北极飞到美国。

1925 年，ANT-4 首飞成功，它是苏联第一种重型轰炸机，设计于半个多世纪前，投入量产后，被正式命名为 TB-1。它的机翼上可以搭载两架战斗机。1934 年，切柳斯金号汽船在从摩尔曼斯克到符拉迪沃斯托克的航行途中沉没，飞行员利亚皮杰夫斯基找到了幸存者营地，并将幸存者中的 12 名妇女和儿童全部带上了飞机。在当时，ANT-4 比其他大多数飞机的运载能力更强。

伊尔驰援

这事发生在第二次世界大战期间。纳粹想突破苏军阵地。他们调集了两百辆坦克向前推进。地面在沉重的履带下呻吟，空气因发动机的轰鸣而震动。苏联的大炮开火了，打掉了十辆坦克，然后是二十辆。

战斗持续了很长时间，但力量是不对等的。苏联人几乎没有炮弹了，虽然许多坦克被击中，但他们继续进攻。

俄罗斯空军飞行员涅斯捷罗夫第一个完成全回环动作，从而奠定了特技飞行的基础。

二战初期，高性能的I-16战斗机用于与纳粹作战。

雅克－9战斗机不仅可以高速飞行，而且可以飞得很远。它被称为长程战斗机。

伊尔－2型俯冲轰炸机的汽油箱不会被敌人的子弹打坏，弹孔能自动堵上。

TU-25俯冲轰炸机也被用作侦察机、战斗机和鱼雷机。

尽管PO-2被称为"玉米田飞机",但却受到高度尊重。它飞行了30年,在战争期间,是一种夜间轰炸机。

突然,一个翅膀上有红星的飞机中队从森林后面出现。伊尔飞机正赶来救援。每架飞机上都有炸弹、大炮和火箭,而且有装甲,俨然一辆真正的飞行坦克。其中一架突然转向,低飞掠过地面。随后是第二架和第三架。炸弹倾泻而下,敌人的坦克开始起火。纳粹们从燃烧的坦克中跳出来,但被机枪扫射消灭。

"施瓦泽托德!"他们惊恐地喊叫。"施瓦泽托德",德语中意味着黑死病。这就是纳粹给苏联伊尔–2型飞机起的绰号。

拉–5战斗机,苏联飞行员阔日杜布在二战期间用这种战斗机击落了62架纳粹飞机。

25

a - 龙骨
b - 垂直舵
c - 稳定器
d - 水平舵
e - 机翼
f - 控制飞机滚动的副翼或方向舵
g - 飞行测速管
h - 无线电控制火箭
i - 驾驶舱
j - 喷气发动机排气管
k - 备用汽油箱
l - 可伸缩的起落架
m - 雷达系统，警示飞行员有来自后方的攻击
n - 火箭发动机启动排气管

比声音还快

空中阅兵即将结束时，一群战斗机出现在天空中。它们无声无息地飞过，就像鸟儿一样，只有当它们从视线中消失后，一种延迟的、雷鸣般的轰响才席卷机场。

"好快的速度！"看台上的人们惊呼，"比声音还快！"

那一天，莫斯科的民众第一次看到了超音速喷气式飞机的飞行。

这些飞机像一支支箭、一颗颗炮弹和一枚枚火箭。机翼像巨箭的箭头，机身像炮弹，喷气发动机像火箭。甚至飞行员的服装也像宇航员。穿上这样的衣服，飞行员能够承受飞机起飞时巨大加速度所产生的超重负荷。几秒钟内，飞机就已经在云层中了。

在你读完这短短一章的时间里，战斗机就能到达平流层。

二战时期使用活塞发动机的军用飞机,已经被配备了火箭的超音速战斗轰炸机所取代。强大的发动机和三角翼使飞机能够以极快的速度飞行。

超音速飞行不仅需要体能训练,还需要一种特殊的服装。

雅克－15喷气机仍然类似于老式的活塞发动机飞机。

米格－15：米格家族是最大的军用战斗机家族之一。

飞机为什么会飞？

伊万的父亲是一名飞行员。他把乘客从莫斯科送到沃洛格达，再送回来。

有一天，伊万问他的父亲。

"爸爸，飞机为什么会飞？"

"为什么不呢？"他父亲笑着说。但看到伊万是认真的，他开始解释："飞机有一个马达、一个螺旋桨和翅膀。马达使螺旋桨转动，螺旋桨'钻入'空气，拉着飞机前进。机翼就像手臂，用来控制住空气。"

"你的飞机为什么没有螺旋桨？"伊万问。

"它是一架喷气式飞机，不需要螺旋桨。它是由燃料在发动机中燃烧形成的热空气驱动的。你见过飞机后面的痕迹吗？它是由气体

当代客机的驾驶舱配备了许多不同的仪器

a – 雷达
b – 驾驶舱
c – 乘客舱
d – 紧急出口
e – 无线电天线
f – 发动机中部进风管口
g – 中部发动机尾喷管
h – 侧发动机
i – 带垂直方向舵的龙骨
j – 带水平方向舵的稳定器
k – 带副翼和襟翼的左翼，用于
　　下降中飞机减速
l – 信号灯
m – 主起落架
n – 机头前轮
o – 乘客登机舷梯

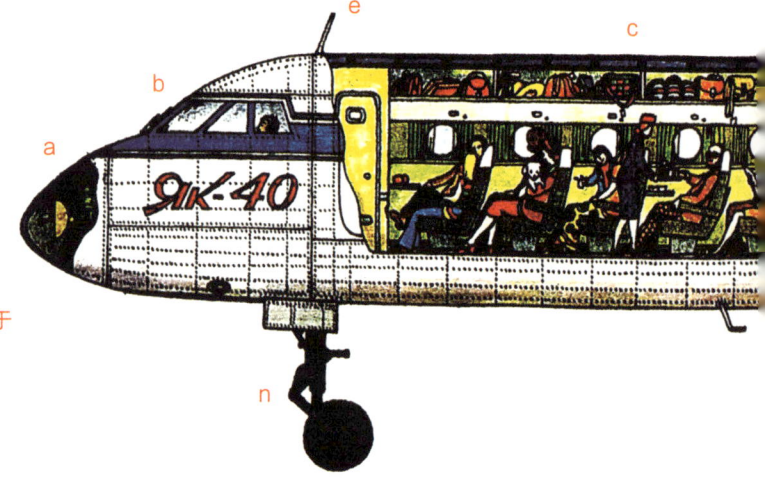

形成的。"伊万从他父亲那里学到了更多的东西：飞机上的舵在哪里，如何操纵它，飞机上有哪些仪器。他几乎能够自己驾驶飞机了，只是年龄太小。

歌利亚巨人，在 20 世纪 20 年代最大的客机之一，每次可乘坐 14 人，歌利亚号内部非常豪华。

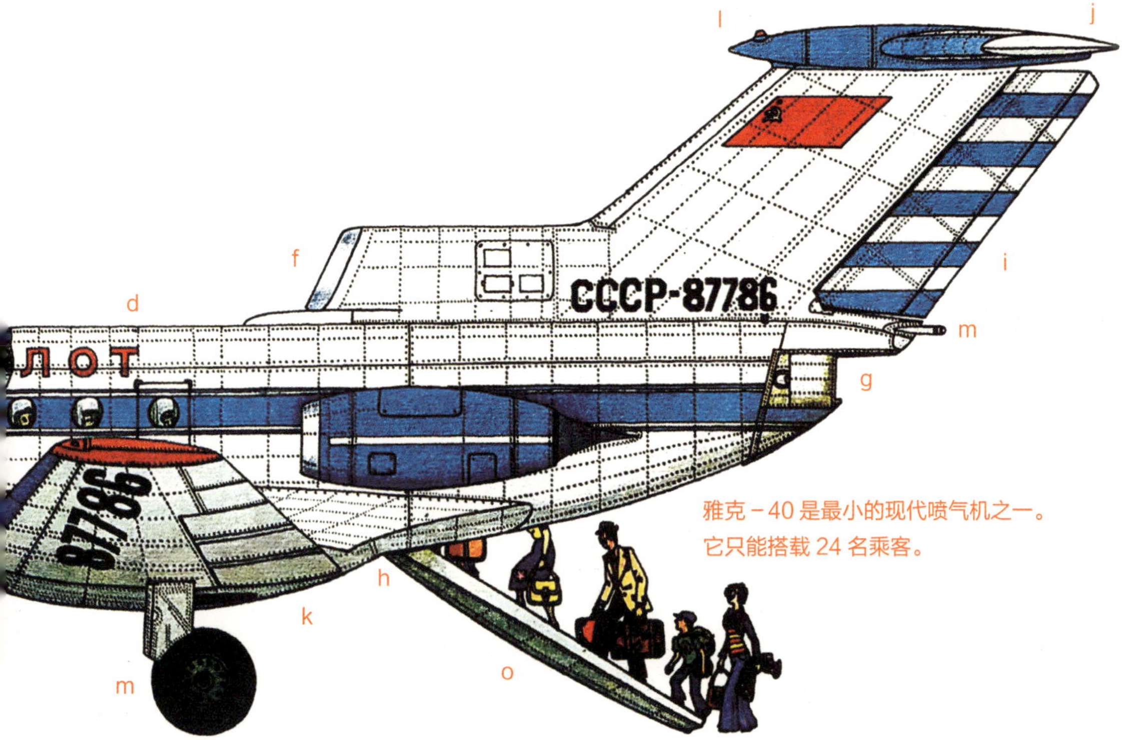

雅克－40 是最小的现代喷气机之一。它只能搭载 24 名乘客。

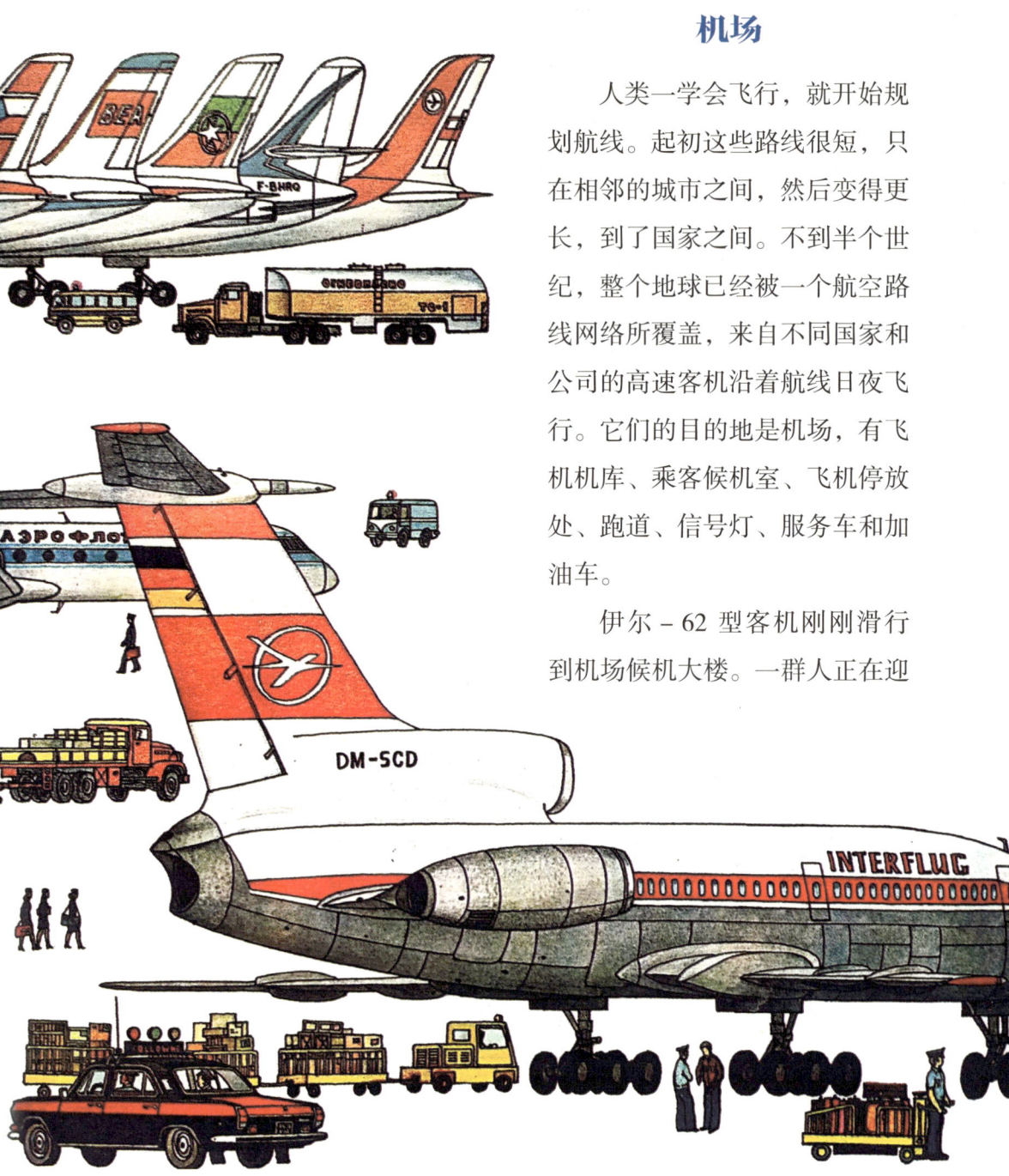

机场

人类一学会飞行，就开始规划航线。起初这些路线很短，只在相邻的城市之间，然后变得更长，到了国家之间。不到半个世纪，整个地球已经被一个航空路线网络所覆盖，来自不同国家和公司的高速客机沿着航线日夜飞行。它们的目的地是机场，有飞机机库、乘客候机室、飞机停放处、跑道、信号灯、服务车和加油车。

伊尔-62型客机刚刚滑行到机场候机大楼。一群人正在迎接乘客。

"你从哪里来?"

"斯德哥尔摩。"

"你呢?"

"我来自哈瓦那。"

"你飞到这里花了多长时间?"

"只有 14 个小时。"

与此同时,扩音器宣布:

"请注意从华沙飞来的 890 航班已经到达!"

机场已经成为现代城市的门户。

一架喷气式直升机的设计

有翅膀的直升机：它像直升机一样起飞，但像飞机一样飞行。

直升机帮助地质学家和消防员，能喷洒农药，并代替吊车工作。

一个惊喜

一条铁路正在苏联的西伯利亚针叶林中修建。放眼望去是无边的森林和沼泽。这里还没有火车，船只也无法到达此地。飞机可以在这里飞行，但没有机场，所以飞机不能起飞或降落。唯一可行的交通手段是直升机。它可以在空地上降落并起飞，不需要助跑。飞机需要一条跑道，因为它有机翼，但直升机代之以旋转的桨叶。它们转动，将空气向下压，推动直升机上升。

直升机对建筑工程是个好帮手。它可以运送食物和邮件，并吊起沉重的铁轨。

有一天，直升机飞行员来到建筑工人身边。

"明天会有一些客人到访。国王和他的朋友要飞过来。"

"什么国王?"工人们笑着说,"在泰加林区只有一个国王:熊陛下。"

飞行员什么也没说就走了。

次日是个星期天,大家起得很晚。他们听到了熟悉的直升机的声音,匆匆跑向空地。当他们到达那里时,简直不敢相信自己的眼睛。一顶巨大的帐篷矗立在空地中央,一个标志上写着"马戏团"。一只猴子正坐在牌子上扮鬼脸。上空有一架直升机,垂下一副绳梯。地上是马戏团的人,笼子里是动物,还有"国王陛下"——一只穿着红衬衫、戴着嘴套的熊。

工人们欣喜若狂:"乌拉!马戏团来了!"好一个惊喜!好一架直升机!

当你长大后

你坐在一架超音速飞机上,一边吃着糖果,一边看着窗外。飞机仿佛静静停立在一望无际的雪原中,尽管它实际上正以每小时 2 500 千米的速度飞行。同时也没有雪地,飞机已经达到 20 千米的高度,正飞行在云层之上。

如果你坐上战斗机,你可以飞得更高——25 千米甚至 30 千米。到目前为止,这已经是极限了,就像他们在航空学中所说的,是天花板。只有导弹和卫星能飞得更高。

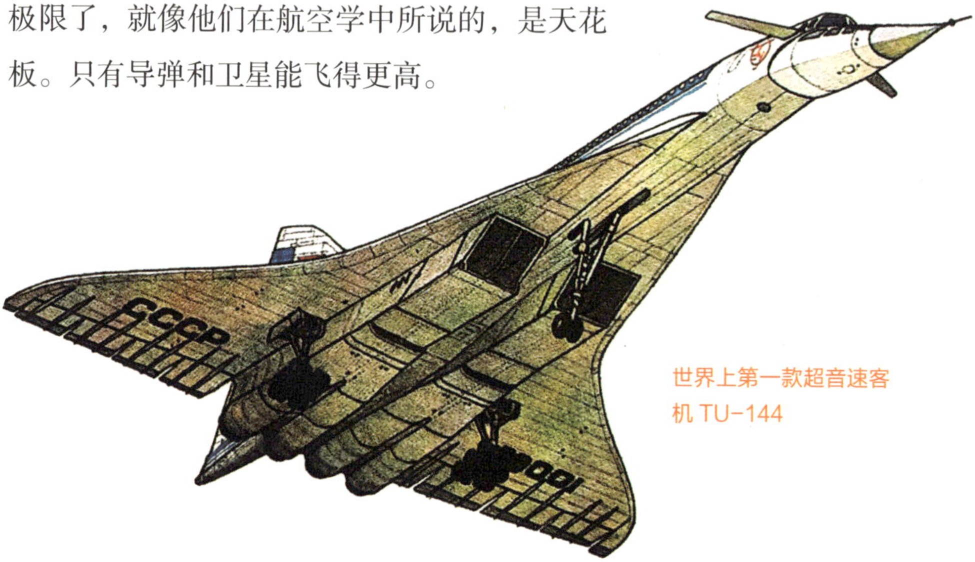

世界上第一款超音速客机 TU-144

驾驶飞机进入外太空,参观空间站,然后返回机场,这不是很棒吗?当你长大后,这种飞机可能会有,也许你会开着一架进入外太空。

人类如何学会了飞行

[苏] A. 别利亚耶夫 / 著

  亲爱的读者，你可能几乎每天都能看到有飞机从空中飞过。也许你已经坐过飞机了。到达机场，登上一架漂亮的客机，坐在一个有软垫的座位上，系好安全带，转过身子向舷窗外张望。

  发动机开始嗡嗡作响，飞机沿着水泥跑道滑行，很快就起飞了，越飞越高，然后升到云层上。

  飞行是多么令人神往啊！但你是否知道，飞机只是相当晚近才出现的。打从远古时代，人们就梦想着离开地面像鸟儿一样飞翔，并流传着许多关于飞人的故事。

  有一个古希腊传说，讲的是发明家和建筑师代达罗斯和他的儿子伊卡洛斯。他们用蜡和羽毛做成翅膀，飞到空中，逃出了囚禁他们的克里特岛。离开熟悉的大地，像鸟儿一样在空中高飞！这感觉太妙不可言了，以至于伊卡洛斯忘记了父亲的警告，"不要太靠近太阳"。他飞得如此之高，以至于太阳的光芒把蜡熔化了，伊卡洛斯直接掉进了海里。但代达罗斯安全抵达西西里岛，随后返回雅典。

  或者让我们重温一下俄罗斯的童话故事：女巫芭芭亚加骑着扫帚飞行，伊万努什卡骑着神驼马，沙皇之子伊万乘着神奇的飞毯。

  但是，童话仍然是童话，人们一直渴望着能够真正地飞翔。

轻于空气的飞行器

谁第一个飞上天空

没人确切知道,第一次像鸟那样飞翔的尝试发生在何时何地。很有可能是同一时期在不同国家发生。关于这个问题没有可靠的信息来源。然而,无论哪里的人们,都梦想着飞行并不停地探究着。

众所周知,在俄罗斯,人们大约 300 年前就飞向了天空。这事发生在梁赞镇。一个名叫克里亚库特诺伊的办事员,看到篝火冒出的烟后不禁问自己:"难道不能设法抓住烟,然后随着它一起上升吗?"

他做了一个带环的气球,灌满热烟,自己钻进环里并飞了起来……高度超过了白桦树。但是那时候的人们非常落后,所有目击者都断定他是受到邪灵驱使才飞起来的。人们甚至想要"活埋他,或者烧死他"——这是编年史上的记载。但后来毕竟可怜他,只是把他逐出了城镇。

蒙哥尔费热气球

谁制造了第一个气球？

人们很早就注意到，除了烟雾，热空气也会上升。在最早尝试使用热空气飞行的人中，有两个法国人，蒙哥尔费兄弟。

他们用纸和亚麻布做了一个气球，里面装满热空气，气球就飞起来了，大约上升到 500 米的高度。这件事发生在 1783 年。蒙哥尔费兄弟把他们的气球送到空中，气球上搭载了动物，随后他们自己也飞上了天。法国科学家查尔斯做了另一个实验。他在气球中装满了氢气，氢气比空气轻。他的气球 10 分钟内上升到了 1 000 米的高度。这次飞行持续两个多小时。从此以后，自由飞行的气球开始越来越频繁地出现在天空中。

查尔斯氢气球

可操纵的气球

　　气球打开了通向天空的道路；它能上升，是因为它比空气轻。但像那样的气球是飞不远的，因为它不过是风的顺从玩具。风吹到哪里，它就飞到哪里。人们却想要朝着自己选择的方向飞行。

　　如何控制气球的飞行呢？在 19 世纪 50 年代，俄罗斯发明家阿尔汉格尔斯基设计了一种气球，它看起来像一艘船，有着帆和翅膀。翅膀在上升时折叠起来，在下降时展开。整个装置由一台蒸汽机驱动。

　　15 年后，发明家索科夫宁提出制作高空气球的外壳，不用柔软的织物，而是用某种坚硬的东西，某种特殊的硬纸板。这个高空气球有两个舵，一个用来管上升，另一个用来操纵向左或向右转。

1875年，俄国科学家德米特里·门捷列夫设计出一种可控的高空气球，它能升到11千米甚至更高。为了确保在这样的高度不造成生命危险，门捷列夫航空器里设置了一种特殊的舱室，这种舱室是密封的。能升到11千米或更高的气球被称为平流层气球。

1851年，阿尔汉格尔斯基设计制造的船型航空器由蒸汽机驱动。

1866年，索科夫宁设计的可操纵飞行器。

飞　　艇

　　飞艇是一种可控的航空器，也就是说，一种装有发动机的航空器。发动机上装有螺旋桨，不仅提高了飞行速度，并且使控制飞行方向成为可能。顺风时，飞艇可以在引擎关闭的情况下飞行。飞艇不断得到完善。雪茄状的外形，也有利于提高它们的速度。

　　气球的内部有隔板，这样，万一气囊损坏，气体的泄漏将被限制在一个隔层内，不会招致整个容器舱塌陷。飞艇为人们提供了很好的服务。

　　然而，驾驶它们是危险的。当时，飞艇的外壳用一种易燃的软材料制成。里面充满了氢气，这种气体遇到最小的火花也会爆燃。因此多艘飞艇发生事故，致使人们停止了生产。

　　但是到了我们这个时代，当飞艇的外壳可以由轻质铝合金制成，并充满不可燃气体氦气时，它们就不再有这方面的危险了。一些国家，又开始了建造飞艇。

　　现代飞艇可以配备非常强大的发动机，能够装载 500 吨以上的货物，而且可以直接从生产厂家起飞，运载巨大的重型机器、管道设施和建筑材料，在空中飞行数百千米直接到达目的地。

　　飞艇这种巨大的起重能力，使它能够建造成带有宽敞的活动大厅、游泳池、游乐场和电影院的空中客运航线。

1. 这艘飞艇创造了飞行时间最长的世界纪录（1936 年）
2. 雷纳德和克雷布斯飞艇（1884 年）
3. 吉法德飞艇（1851 年）
4. 斯旺飞艇（1907 年）
5. 齐柏林飞艇（1906 年）
6. 马雷欣飞艇（1886 年）

有翼飞行器

人类是如何学会滑翔的

当一些发明家忙于完善气球时，另一些人则试图制造像鸟儿一样在空中自由翱翔的机器。在大约三百年前的俄国，有一个人向沙皇请求给他十八个卢布，说他可以做出像鹤一样的翅膀，并通过拍打翅膀飞到空中。他得到了钱，也做了翅膀，却没有飞起来。他把自己的失败解释为"那些翅膀做得太重了"。他没有意识到人的肌肉不是一个足够强大的引擎。

早在他的时代之前，伟大的意大利艺术家和科学家列奥纳多·达·芬奇就已经证明了这一事实，他对人体解剖学进行了彻底研究。

通过观察鸟类，人们注意到它们可以通过展开宽阔的翅膀而无须拍动，就能在空中飞翔，也就是说，它们可以滑翔。于是人类便试图模仿鸟类。来自梁赞附近佩赫莱策村的店员奥斯特洛夫科夫用公牛的膀胱做翅膀，制成陡峭的屋脊形状。据编年史记载："一阵大风将他刮起，飞过人们的头顶后，被抛到一棵树的顶上。"奥斯特洛夫科夫的翅膀是被一股自然气流吹起来的，他的飞行只能算一种飙升。

有人给自己安上翅膀，从高处跳下来，并且成功进行了滑翔。这一类的乘风飞行或滑翔飞行导致了滑翔机——一种有翅膀但没有任何推进发动机的飞行器的诞生。

众所周知，达·芬奇画过草图，并制作了一个滑翔机模型，这可能是世界首创。最早的滑翔机非常简单，就像风筝一样。

你一定见过风筝飞，甚至可能自己也曾放过风筝——你手里拿着一根线的一端跑着，风筝与线的另一端连接，越飞越高。

人们制造了各种各样的滑翔机：有单翼的，有双翼的，甚至有三翼的（所谓的三翼滑翔机）。

俄国于1874年建造了第一架滑翔机。但滑翔机飞行广泛开展，是在大约70年前。1910年，著名的俄罗斯飞行员彼得·涅斯特罗夫在诺夫哥罗德镇勇敢地驾驶了滑翔机。

然而，滑翔机不能飞得比托举它们的自然气流更快。与此同时，人们想飞得比风还快，还想飞得又高又远——达到几千千米之外。

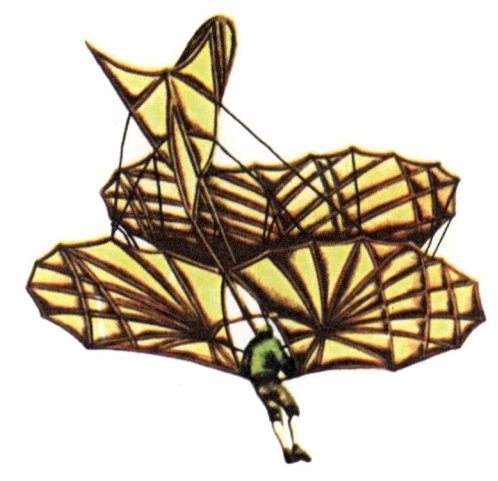

李林塔尔的滑翔机（1894年）

涅斯捷罗夫的滑翔机（1911年）

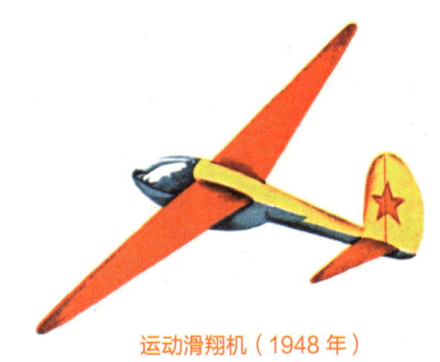

运动滑翔机（1948年）

49

莫扎伊斯基的飞机（1883年）

莱特兄弟的飞机（1903 年）

从滑翔机到飞机

一百多年前，俄罗斯发明家亚历山大·莫扎伊斯基想要制造一种比空气重的可控制的"飞行机器"。多年来，他研究鸟类的飞行，制造和测试了各种飞行器模型。期盼已久的时刻到来了。莫扎伊斯基在他的飞行器上安装了一个引擎，就像俄罗斯海军报纸《喀朗施塔德公报》1877 年所描述的那样："不仅可以飞行，还可以在地面上行驶，在水面漂浮。"

莫扎伊斯基的飞行器拥有现代飞机的所有基本部件：机翼、机身、带有螺旋桨的（蒸汽）发动机、确保飞机稳定性的尾翼和底盘——上面安放着机身，还有带轮子的起落架。

这架由亚历山大·莫扎伊斯基设计的飞机，被认为是世界上第一款按原尺寸建造的、能够载人飞行的飞机。

仅仅二十年后，法国人阿德、英国人马克西姆和美国人莱特兄弟也制造出了类似的飞机。莱特兄弟在他们的飞机上安装了一个以汽油为燃料的发动机。那台发动机和汽车发动机相似。它比蒸汽机轻得多，蒸汽机重，也需要很重的燃料。莱特兄弟进行了多次不同航程的长途飞行，使人们相信航空的未来属于飞机。

阿德的飞机（1890年）

布莱里奥的单翼飞机（1909年）

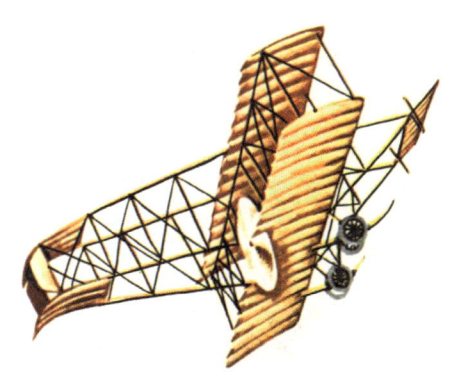

俄国双翼飞机（1910年）

伊利亚·穆罗梅茨飞机

更高，更快，更远

从此，人们开始意识到飞机可以飞到任何地方。无论任何时间——冬天和夏天，白天和晚上，顺风和逆风。最重要的是，它们的速度比任何其他飞行器都要快得多。于是，飞机制造业开始在许多国家发展起来。

俄罗斯的发明家和设计师从一开始就按照当时的标准，建造了多引擎的大功率飞机。第一架叫作俄罗斯骑士。它于 1913 年 5 月 13 日升空。这是一架四引擎双翼飞机，重达 3 500 千克，起重能力接近 1 500 千克。只需要 700 米长的跑道就能起飞，它的飞行速度是每小时 90 千米。后来又建造了改进型——伊利亚·穆罗梅茨。在那些日子里，它比其他任何飞机都飞得更高、更远。

在内战期间，有几架这样的飞机属于红军部队。他们轰炸白卫队骑兵，进行侦察飞行，帮助红军保卫年轻的苏维埃共和国。

十月革命后，苏联航空事业开始迅速发展。一架巨型飞机斯维亚托戈尔进行了试飞。这种强大的飞机 1913 年开始建造，但因为第一次世界大战而推迟。那时候有许多优秀的飞机问世。1934 年，苏联有一架巨型飞机升上天空——图波列夫-20 马克西姆·高尔基号，以伟大的作家马克西姆·高尔基命名。它是世界上最强大的飞行器。翼展达 65 米，机身长 32.5 米。这架飞机装有 8 台发动机，可搭载 80 名乘客，并能不分昼夜，在任何天气条件下飞行。

格里佐·杜博夫的飞机（1910年）

俄罗斯骑士飞机（1913年）

斯维亚托戈尔飞机（1916年）

在第二次世界大战前的几年里，苏联飞行员驾驶由苏联设计师制造的飞机，在距离、高度和速度等方面创造了几十项世界纪录。

各种类型的飞机被生产出来。开始用来播种，为庄稼喷洒农药，扑灭森林和草原的大火，运输笨重的货物。

随后直升机——一种神奇的飞行器出现了。在普通飞机没有机会起飞或降落的情况下，直升机改变了这种局面。普通飞机需要跑道，但直升机不用跑道就能升到空中。它垂直起飞，从森林空地，从浮冰上，或从船的甲板上。

飞机一年比一年飞得更高、更快、更远。最终，一个时刻来临了，

1. 图波列夫 ANT-20 飞机，ANT-20
2. 米格－21 战斗机，MIG-21
3. 伊尔－76 运输机，IL-76
4. 拉－5 战斗机，LA-5
5. 佩－2 轰炸机，PE-2,
6. 雅克－40 喷气式运输机，YAK-40
7. 世界第一款超音速客机图－144，TU-144

时速超过 1 000 千米的飞机出现了。这就是喷气式飞机。

1942 年 5 月 15 日,苏军飞行员格里高利·巴赫奇瓦纳泽完成了第一架喷气式飞机的飞行。今天,人们已经学会了以 3 500 千米/小时的速度驾驶飞机。和二三十年前的飞机相比,它们的速度不同,形态也和它们的前辈明显不同。

明天,后天,直到今后的一两百年内,人类将继续不断地发起挑战,并将飞得更快更高。事实上,向天空的冲击才刚刚开始。

直升机
1. 卡莫夫直升机,KA-15M
2. 世界最大的运输直升机,V-12

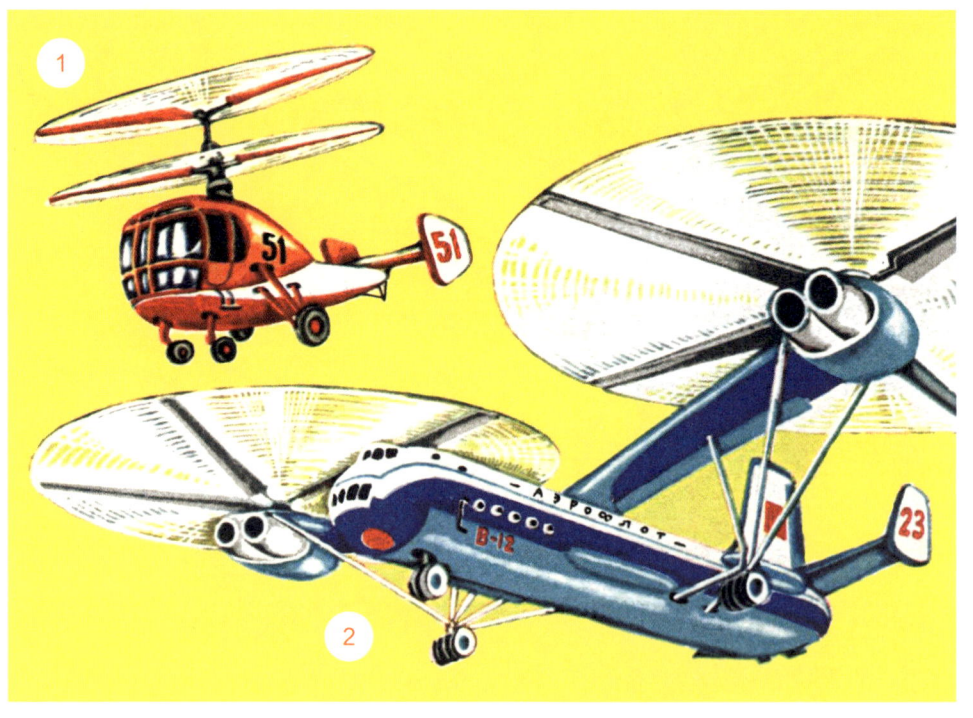

宇宙飞船

科学创举

你已经知道，人类是乘坐比空气轻的飞行器，和有翼的比空气重的飞行器升空的。人类不懈研究，并成功地创造了一种飞行器，它既比空气重，又没有翅膀，却能飞到月球那么远。

基巴利契奇设计的火箭

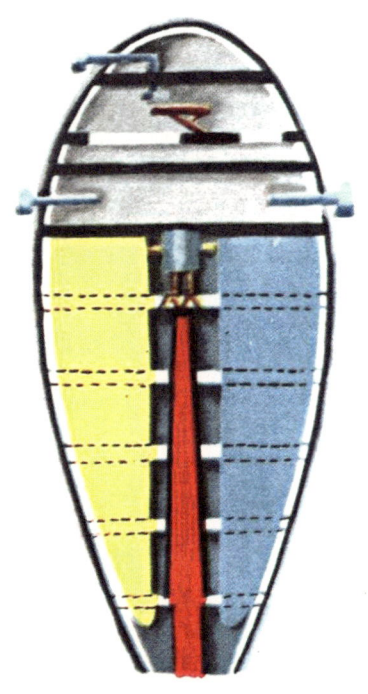

齐奥尔科夫斯基设计的火箭

是的，你猜对了。我们正在谈论宇宙飞船。

让我们回到19世纪末，1881年3月，一位年轻的俄罗斯发明家尼古拉·基巴利契奇坐在监狱的单人牢房里写作。他将在第二天作为革命者被处决。他制造了一枚炸弹，并将它扔向了令人痛恨的沙皇所乘坐的马车。法庭判处基巴利契奇死刑。因此，他坐在牢房里争分夺秒写他的宏大计划，因为必须要赶在明天死刑执行前写完。

他赶写的项目是什么呢？尼古拉·基巴利契奇，世界上第一个设计喷气推进飞行器的人。该设计包括一个带有金属支柱的平台，上面安装有一个粉末燃料火箭发动机。当燃烧室里的粉末爆炸时，一股强大的燃烧气体会从火箭的喷嘴喷出，从而把机器推到空中。

不幸的是，基巴利契奇的发明直到十月革命之后才为人所知。在此之前，它一直埋没在沙皇警察的档案中。

一位伟大的科学家

几乎与此同时，在卡卢加小镇上，一位名叫康斯坦丁·齐奥尔科夫斯基的物理教师也开始了对火箭飞行的探索。他梦想着人类能飞到遥远的星球上，和基巴利契奇一样，他认为火箭是宇宙飞船的未来。他提出在火箭中使用液体燃料而不是粉末燃料。他通过计算，设计和绘制了这种发动机的图纸。想想看，他是在人们刚刚学会建造第一架飞机的时候做的这件事！没人把他的项目当真，但齐奥尔科夫斯基继续工作。20世纪刚开始，他便设计了一个飘浮在太空的人工岛。这个岛由许多火箭组装而成，将成为一个小型人造月球。齐奥尔科夫斯基很长寿，有很多发现。后来，他成了世界著名的科学家。

太空飞行

伟大科学家们的梦想都实现了。数百颗苏联的人造卫星环绕地球运行。它们通过预测天气、寻找矿藏、监视森林火灾，有效地为人们服务。它们还确保了地球上遥远距离的无线电和电视通信。苏联是世界上第一个发射载人宇宙飞船的国家。这个人的名字叫尤里·加加林——世界上第一位宇航员。

我们的宇宙飞船总设计师谢尔盖·科罗廖夫花了很多年时间才制造出这样一艘火箭推进的宇宙飞船。他经历了失败的痛苦和成功的欢乐。火箭会在起飞前爆炸，它们会坠落，会中断飞行。但终于有一天，所有的难题统统迎刃而解。如今人类在强大的多级火箭推动下，正向外太空进军。宇宙飞船已经到达了月球、金星、火星。每一颗新的人造卫星，每一艘新的宇宙飞船，都比前一个更大更好。看看艺术家在这本书中画的人造卫星和宇宙飞船，你就会明白确实如此。

　　我亲爱的年轻朋友，或许你将成为飞行员或宇航员，或许你将设计制造飞机和宇宙飞船。祝愿你取得最大的成功。每当你驾驶飞机或宇宙飞船，或注视着它们飞行时，请记住，我们的国家是航空和航天之国。

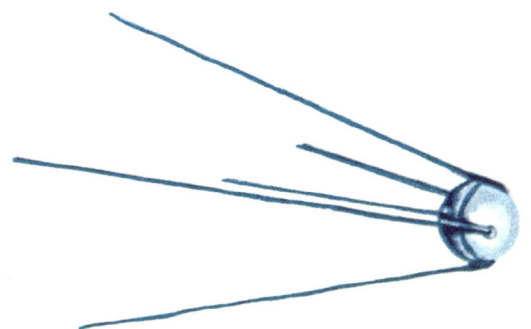

大海航行

[苏] 斯维亚托斯拉夫·萨哈尔诺夫 / 著

最早的船是用一根圆木做成的。人们砍倒了一棵树，除去枝杈，然后挖空做了一个独木舟。后来，人类发现这样划行不能远航，就发明了帆，并开始横跨海洋。

科赫小船

小型单桅划艇正沿着北海岸边寒冷的峭壁航行。一个叫普茅斯的俄罗斯部落生活在这里。这些人出去打猎。一个人站在船头，他是瞭望员。另一个操舵。两人都有一双敏锐的眼睛。

岸那边是什么？看起来像海象。是的，确实是巨大的、微红色的动物仰卧在布满岩石的海滩上。它们似乎压根没有脖子，一对长长的獠牙从毛茸茸的上唇伸出来。

船上的猎手们准备好了捕杀行动。有人拿一根棍子，另一个人拿根绳子，第三人拿把斧头。小船偷偷驶向岸边。

突然，一片灰色云层笼罩了海面。大片的雪花像一群白色蝴蝶当空盘旋。风驰云卷，秋天一下变成了冬天。

海象消失了。科赫小船又一次出海航行。

划桨手

乔瓦尼在威尼斯市场和几个士兵斗殴而被捕。法官把他押送到小船上。乔瓦尼和另外两个罪犯一起，被铁链锁在一条长板凳旁边。他们三人共同划一根长桨，用同一个碗吃饭，在同一捆稻草上睡觉。

一周后，他们的船驶出港口。船队看到敌军的城堡。战船排成半圆形阵列，一声令下，他们向岸边进发。

堡垒城墙上射来的箭，像暴雨般倾泻在他们头上。"快划！再快点！"监工大声吆喝着，鞭子抽打在乔瓦尼和他的伙伴身上。人们都使出浑身力气划船。突然间，船身剧烈抖动。经受一个巨大的撞击，四处一片呼喊。原来船搁浅了。

人员、盾牌和折断的桨四处飞散，乔瓦尼看到他们的长凳已经垮掉，铁链的一端已经松开。三个划桨手把铁链高举过头顶抛掉，然后从船上跳下去。

当夜，他们在一个废弃的铁匠铺砸开了镣铐，很快回到马里，恢复了自由之身。

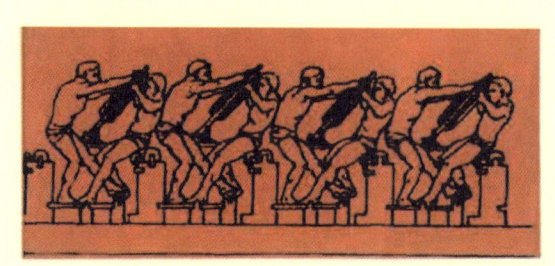

亚述桨船

带帆的威尼斯桨船，只能在顺风情况下航行。

有帆的埃及桨船

希腊军舰

大发现时代

曾经有这样一个时代，航船出海后，两三年都没有返回。水手的亲人们焦急地盼望他们平安归来。终于，船上的瞭望员看到了家乡的海岸。许多船员已经在航行途中死去。船在风暴的肆虐中变得残破不堪，船帆被撕成了碎片。这些水手却讲出了怎样神奇的故事？

我们航行到美洲,那里人的皮肤是古铜色,他们的金子比海滩的沙子还多;我们到过印度,你知道吗,那里的人骑着大象。在集市上,你能看到有人吹着笛子,让他的蛇随着音乐起舞;我们到过澳大利亚,那里的原野上到处都是奇怪的动物。有一种动物个头像小牛一样大,却能双腿跳跃,它们的名字叫袋鼠。

最早的俄罗斯航船

彼得大帝是一位不同寻常的统治者。他私旅荷兰,为了学会全部造船技术,受雇当一个木匠。有一天,一群俄国贵族来拜访他们的君主。可以想象,当一个木匠从一艘未完工的船底爬出来时,他们有多惊讶。彼得一世浑身上下都是锯末和木屑。一见到他,那些贵族们都跪了下来。这使所有的荷兰人大笑不已。后来,在这条船的下水仪式上,彼得一世敲掉了船尾的楔子。

当彼得一世回国后,他派遣年轻的俄国贵族到欧洲学习航海。他在科特林岛上建造了俄国第一个港口和海军要塞,叫作喀琅施塔得。最早的俄罗斯船只从这里出发,跨越波罗的海远航。

这些船上的年轻水手都是在海军服役的农民。如今,他们将花很多时间去航海,参加海战,到世界各地旅行。

波尔塔瓦
波罗的海第一条船
（1712年）

每条帆船都很棒。它们非常清洁：你可以穿着白衬衫躺在甲板上而不会弄脏。它静悄悄地行驶，只有桅杆在呼啸。

海风足以送它到达任何遥远的国家。就是如此……

它是什么？

航海很难学。很多术语令人头疼，庞杂而拗口。

A – 前支索帆
B – 前中桅帆
C – 艏帆
D – 艏三角
E – 前帆
F – 前桅帆
G – 前上帆
H – 前天帆
I – 主桅支索帆
J – 主上桅支索帆
K – 主顶桅支索帆
L – 主帆
M – 主桅二层帆
N – 主上帆
O – 主天帆
P – 后纵帆
Q – 后桅二层帆
R – 后桅上帆
S – 后桅天帆

19世纪，航船的风帆被蒸汽机取代。

1807 年

克莱蒙特号是世界上第一艘轮船

1815 年

第一艘俄罗斯轮船伊丽莎白号

1838 年

第一艘用螺旋桨取代明轮的蒸汽船阿基米德号

背运的大东方号

这条船于1858年建成下水，被称为世纪的奇迹。因为它特别的巨大。

但这个巨无霸非常不走运，处女航就在风暴中失去了舵和明轮。它总算修好了，但在下一次航行中又撞上礁石。人们都害怕乘坐大东方号。这条大船不得不接受任何能找到的活计。它曾为跨越大西洋电报铺设水下电缆，甚至做过运兵船。有一段时间，它还充当过漂浮的马戏场。最终，大东方号被解体，几百名工人在船厂劳作了两年，才把这座"钢铁大山"拆卸完毕。

——他们说从此再也用不着风帆了。
——胡说,难道只用一条渡船航行吗?

明轮萨凡纳号蒸汽船首次跨越大西洋。

大东方号长 211 米,宽 25 米,船上配备有 20 条小船和 2 艘汽艇。

77

瓦良格号

　　1904年日俄战争期间，俄罗斯巡洋舰瓦良格号在朝鲜仁川港停泊。日本海军编队而来，日军舰队司令要求瓦良格号投降。

　　瓦良格号舰长决定投入战斗。这艘巡洋舰离开港口驶向大海。

　　日本军舰连续发出信号，敦促瓦良格号投降，瓦良格号以炮火齐射作为回答。一艘日本驱逐舰中弹起火，又一轮齐射后，瓦良格号击沉了这艘日本军舰。

但众寡悬殊,从其他日本军舰上发射的炮弹像雨点般向瓦良格号倾泻。

舰长在瓦良格号受到重创后决不投降,他下令军舰自毁,军旗飘扬着沉入了海底。

1862 年

摩尼特号,第一艘具有塔楼的钢制军舰。

世界唯一的圆形船

诺夫哥罗德号,一艘圆形的船,是 19 世纪在俄罗斯设计和建造的。

据信它能够向各个方向射击,自然能够打败所有敌人。然而,当它的大炮开火的时候,船身开始旋转起来。

"如果它老是这么旋转下去,将不会击中任何目标。"设计者这么说。

他忘记了,作为一艘军舰,不仅要会开炮,还要做更多的事。它必须在航行中保持自身的稳定。

梅里马克号被称为水上装甲车。

诺夫哥罗德号圆形船,由俄国海军上将波波夫设计。

79

远洋客轮的船票

丢失的宠物

一名乘客把他的宠物猴子带上了轮船,并把它放在客舱里。

然而,他很快发现猴子不见了。这家伙会去哪里呢?他开始到处寻找。

他在船长的舰桥上四望,看到舵手正在操纵舵轮。领航员正在地图上绘出他们行走的路线。他到机舱里转转,看到轮机员们正盯着涡轮机上的仪表盘。他进厨房看看,十多位厨师正在为1 000名乘客准备晚餐。但哪里也看不到宠物猴子的踪影。

然后，这个人走过客厅和游泳池，来到观光散步的甲板上。那只猴子会跑到哪里呢？他心烦意乱，感到头痛起来。他最后回到客舱吃了一片阿司匹林。在这里，在手提箱中，他的宠物猴子正呼呼大睡。

"你这家伙！"他说，"我一直在满世界找你。不过也好，至少让我有机会四处看看这艘船。它就像一座漂浮的城市。"

马拉号军舰

二战期间,一架德国飞机轰炸了停泊在列宁格勒(今圣彼得堡)的苏联战舰马拉号。海水涌进船舱,船首开始下沉。

时令是冬天,列宁格勒被围困,纳粹正在轰炸和炮击列宁格勒这座被包围的城市。守军没有足够的枪炮来击退敌人。工人们纷纷来到码头。他们隔断了伤痕累累的船首,封住了船上的破口,修理了炮台上的马达,让这艘战舰起死回生。命令发出,水手们回到炮位,炮身再次扬起。从那天起,马拉号的大炮回击了敌人的攻势,这艘受伤的军舰重新投入了战斗。

············

导弹发射舰就像一座钢铁堡垒。

现在最强大的海军舰艇是核动力潜艇,因为它装备有导弹。除非它浮出水面,否则没人知道它藏在哪里。

运输大象

动物园的负责人必须运送一些大象,到大洋彼岸的另一个动物园,但他面临一个难题,无法为大象订购客轮的船票。

"我们不能把大象带上船。"装运木材的货轮的船长说,"我没办法在成堆的原木和木板之间找到地方放笼子。"

"哦,不行。"冷藏货船的船长说,"您的大象会在货舱里冻死的。"

"对不起。"一艘油轮的船长说,"我的货舱里装满了油。"

终于,一艘装运干燥货物的货轮的船长说道:"大象?当然。您想运多少就运多少。我们会把笼子安放在拖拉机之间,完好无损地运达目的地。"

就这样,大象顺利地漂洋过海了。

货轮

油轮

冷藏货船

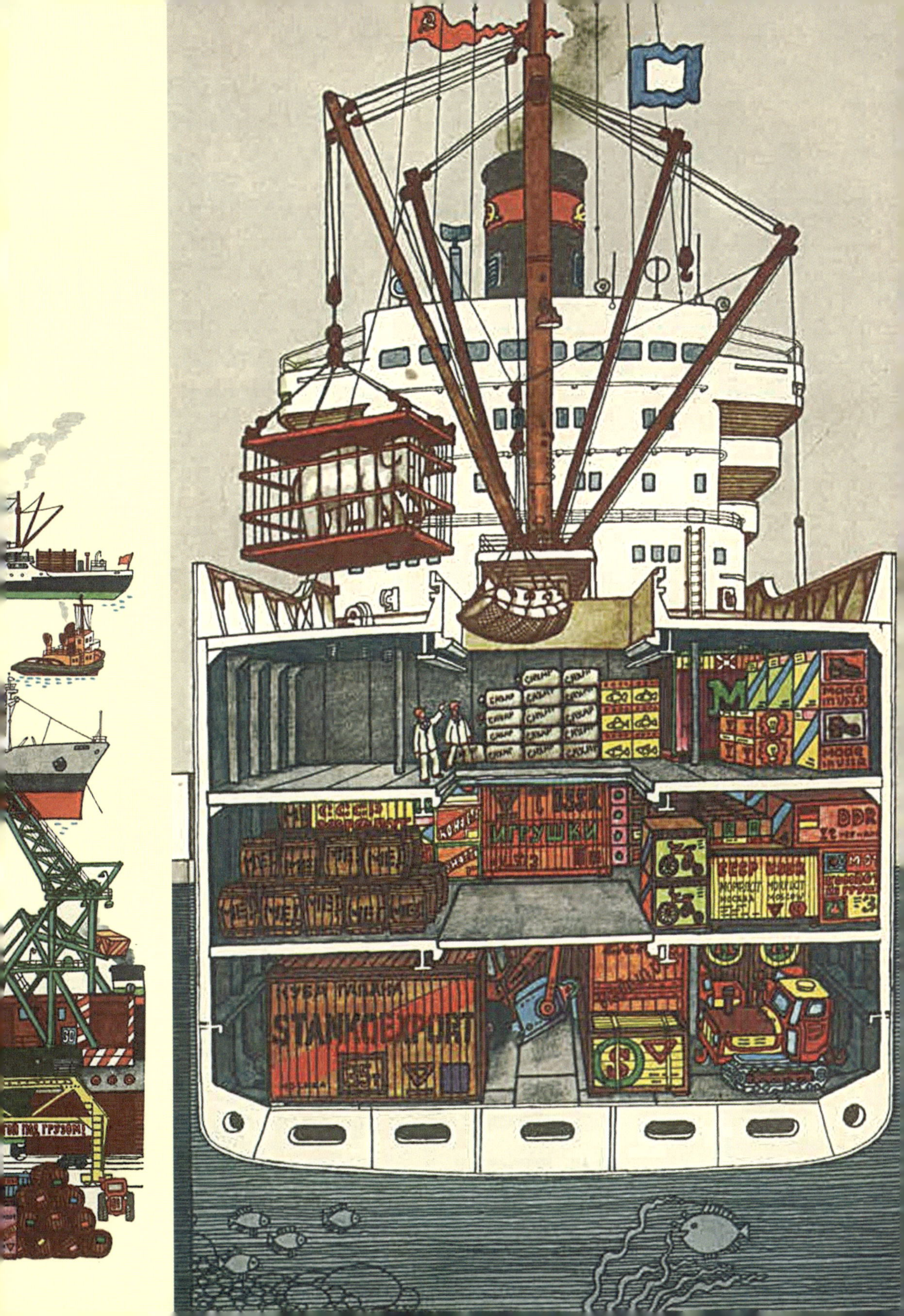
ИГРУШКИ
STANKOEXPORT
DDR

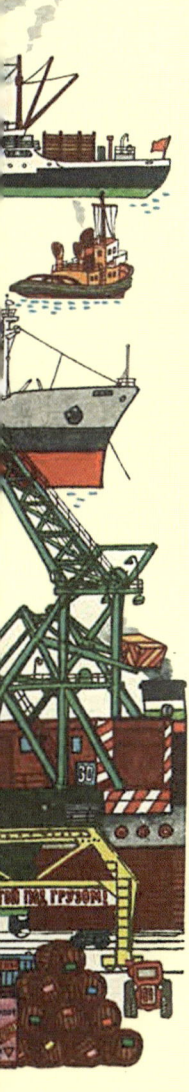

克拉辛号破冰船

克拉辛号破冰船

1928年，意大利诺毕尔探险队乘坐飞艇跨越北极。他们成功完成了使命，但飞船因外壳结冰而坠毁，10个人被困在冰原上。

苏联的克拉辛号破冰船回应了他们的呼救。那些探险队员或者生病或者受伤。他们只有很少的食物，帐篷下的冰面开始破裂了。而此时，克拉辛号正穿过冰封的海面向他们驶来。

一座冰山挡住去路，克拉辛号向后退去，然后加速撞碎冰山。最后，被困的意大利人看到了地平线上的一缕青烟，接着看见了桅杆上飘扬的一面红旗，那是克拉辛号。

人们被带上船时喜极而泣。最后，他们的帐篷也被从冰面上吊起来。从此，这顶鲜艳的红色帐篷得以被世人参观和景仰。

功能强大的核动力破冰船

船通常看来是什么样子？有一艘船，甲板上有很大的碟子——这是雷达。这艘船能帮助轨道上的宇航员和地面保持不间断的联系。

有一艘船，甲板上有一台起重机，还有一个深潜球，有点像小型潜艇，帮助深海潜水员操作。它可以扫描海床。它的深潜球可以一直到达海底。

还有多少形形色色的特种船只呢？

船舰大观

[苏] 谢尔盖·伊万诺夫

　　世界上的船舶种类繁多。当你看到一条船驶过时,常常并不太了解它叫什么船,用来做什么。实际上每一艘船的建造,都有一个特殊的目的。
　　下面就为大家介绍其中的八种船只。

　　这是一艘油轮，它的船舱犹如一排排空桶，其建造的目的是服务于石油的海上运输。当石油不断被泵入船舱，油轮的吃水会越来越深，直到甲板仅比水面高出一点儿。

　　油轮是所有船只中船身最长的，当前建造的油轮之于港口而言，常显得过于庞大，因此，货物一般都要从海上卸载。

　　如果你曾见过船队跨越大海或者沿着河道行驶,或许很想知道是什么原因使船只前进——这些船只都没有发动机。

这里是两艘驳船、一艘挖泥船和一台浮式起重机,有一艘小型拖船在前面牵引。这艘拖船看上去不起眼,但实际上很强大,正是它拖着身后的其他船只前行,这就是拖船的功能。

这是一艘冷藏拖网渔船,其名源于在海床上拖动的拖网。拖网是一个用来捕鱼的巨型渔网,通过钢缆系在船上。捕进拖网的鱼被提到甲板后,人们会进行分类,并存储到船舱的冰柜里。冰柜的作用在于保鲜鱼类,直至这艘船抵达港口。

这艘"科研船"配备了大型无线电天线和仪器面板。这类圆形天线之所以叫雷达盘,是因为它看上去的确像盘子。"科研船"的天线可以接收宇宙飞船向地球发射的无线电信号。

联盟号宇宙飞船上的航天员都知道,下方的科研船是个好帮手。如果来自另一个星球的宇宙飞船向地球发送信号,科研船的无线电天线也能接收到。

这是一艘破冰船,它是为了在冰封水域中打开通道而制造出的一类坚固船型。倘若一艘船被困在冰原,并即将被坚冰压碎,破冰船

就可以前去援救。它将冲破冰层,解救船只,为其开辟出一条通畅的水路。

　　这艘豪华客轮设有游泳池、羽毛球场,各类室内游戏厅、健身房、电影院、外借图书馆、餐厅等。

当你伫立甲板,凭栏四望,有时能看见海豚正随着船游乐嬉戏。在这样一艘美丽的白色客轮上来一次黑海巡航,也是一种美妙的度假方式。

你绝不会看到潜水艇像其他江轮或海船那样航行,因为它通常在停靠港口时才浮出水面。潜水艇从靠近海床的水域溜过,鲨鱼、鲸鱼甚至章鱼也不可能像潜水艇那样,到达如此深的地方。

早在蒸汽船、电动机和原子动力船出现之前,风就鼓动着帆船驰骋四海。然而即使是当今,尽管性能卓越的船只如此之多,也比不上一艘满帆饱风的船只美丽动人。

奇妙的船

[苏] 斯维亚托斯拉夫·萨哈尔诺夫

船只在七大洋上穿梭不息。它们气喘吁吁，机声扎扎，海浪拍打着船舷，伴随它们在各自的航线上匆匆前行。一艘船的烟囱很高，另一艘的却很矮。有的船可以轻松地拉动三艘驳船，而有的船几乎无法让自己移动。每一艘船都各不相同。不同的船只，有着各不相同的故事。船如人，每艘都很奇妙，彼此迥异。

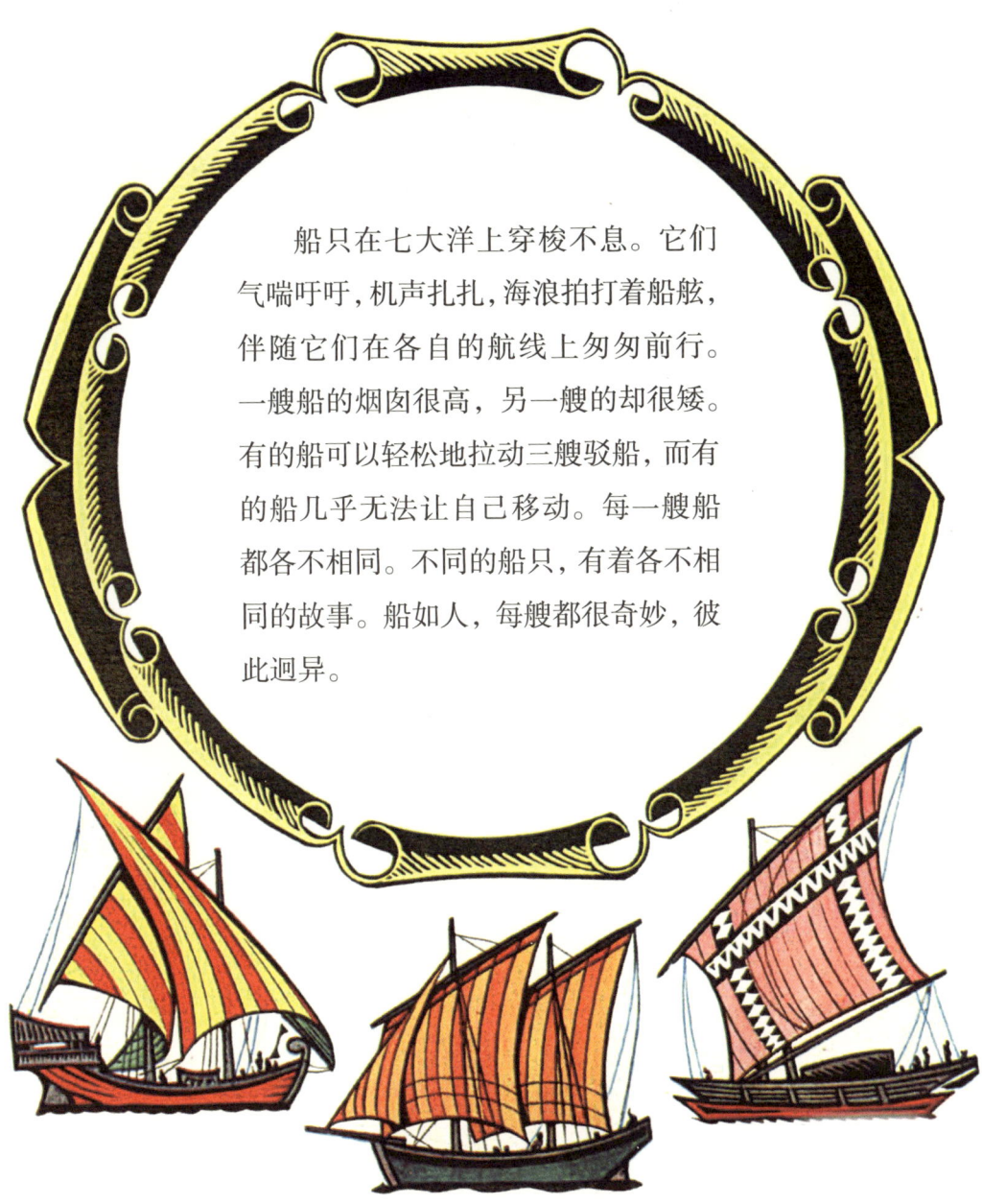

龙　　头

很久很久以前,被称作维京人的海盗们驾驶帆船在挪威海冰冷的水域中航行。每一艘船都有一个木刻的蛇头或龙头置于船首。

有一次,海盗们抢劫了一个海边村庄后,一些船遭遇了风暴袭击。风推着船只向西,船随海浪漂来摇去,直到他们终于看见了陆地,还从前方黑色的山脉间望见了绿色峡谷。船员们在海上待了太久,以至于这块土地在他们眼里简直就像一块繁花遍地的绿洲。于是,他们把它命名为格陵兰(意为"绿色的土地")。船员们在那里定居下来,随后有些人从格陵兰出发前往美洲海岸。

并非每一艘船都能远航后返回,但也有一些船多次横跨大洋。

当一位维京酋长死亡时,他的船会被埋在他的身旁,因为维京人相信,一艘结实的船可以把人从任何旅途带回故乡。

卡拉维尔帆船

当哥伦布说他要跨过大海时,别人告诉他:"海的那边是地球的尽头。那里也是海洋的尽头,海水会在那儿带着可怕的轰鸣声坠入巨大的裂谷。就算有人不被水流带入深渊,并从那里掉转船头逃出生天,也会在回来的路上饿死或者病死。"

然而,哥伦布不会因为有人非议就放弃目标。他率领三艘卡拉维尔帆船向着广阔的海洋出发了。这是些有着宽阔船头和高高的雕花船尾的小船。当风暴降临,海浪汹涌时,它们会看不见彼此。但船队仍然顽强地前行着。哥伦布跨越了大海,发现了新大陆——美洲。

这意味着,世界是圆形的,像球一样。哥伦布和勇敢的船员们驾驶着帆船周游了世界。

只航行了一天的船

瑞典国王召集他的造船工人,说:"我想拥有世界上最大、最快、最强、最美的船。"

"可是,陛下……"造船师们抗议道。

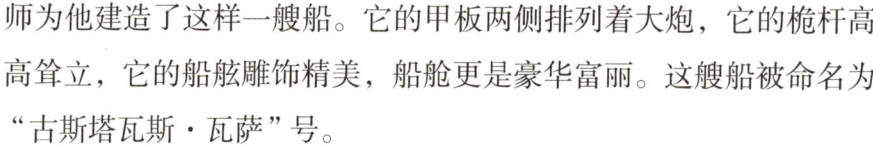

"没有什么可是!"造船师为他建造了这样一艘船。它的甲板两侧排列着大炮,它的桅杆高高耸立,它的船舷雕饰精美,船舱更是豪华富丽。这艘船被命名为"古斯塔瓦斯·瓦萨"号。

"让我们看看它的航海性能如何。"老水手们说。

"古斯塔瓦斯·瓦萨"号下水了,但它刚离岸不久,就翻了个底朝天!

三百年后,这艘船被从海底打捞出来,随后永久地停泊在港口。

毕竟,不能指望一艘船同时成为世界上最大、最快、最强、最美的船。

胜利号的最后一役

在特拉法尔加海战中,纳尔逊将军率领的英国舰队打败了法国舰队。

纳尔逊将军的一只眼睛曾受伤失明。有一次,他接到了撤退的命令,但决定继续战斗。于是,他把望远镜架到失明的那只眼睛上,说:"我看不到信号。"

英国人赢得了特拉法尔加海战,但纳尔逊将军却受了致命的伤,死在他的战舰胜利号上。

这艘船向英国驶去,破烂不堪的船帆在风中飘扬。

纳尔逊将军被葬在英国。他的旗舰一直忠贞不贰,直到最后。胜利号被永久性系泊,从此没有在其他将领指挥下航行。

飞剪式快船

一艘蒸汽船在海上航行。这艘船体型庞大,速度很快。

突然,一个白点出现在远处的地平线上。它渐渐地变大。船长把双筒望远镜举到眼前,看到那是一艘三桅飞剪式快船。它白帆飘飘,很快就会超过他的船。

船长不会让自己被人落下。

"全速前进!"他说。

浓烟从船的烟囱里涌出。但那艘快船仍然在迅速拉近距离。

"全速前进!"船长咆哮道。

烟囱向外喷吐着浓烟,船上的螺旋桨翻卷着海水。

那艘快船很快就到了他们身后。它现在超过了蒸汽船,将其抛于身后。一小时后,它将蒸汽船甩得实在太远,以至于已经看不见它的踪影。

当那艘飞剪式快船擦肩而过时,蒸汽船的船长看到它的名字。它叫卡蒂萨克号,是有史以来所有帆船里最快的一艘。

卡蒂萨克号现在永久停泊于伦敦港。它的船体饱经风吹雨打,船帆也破烂不堪,但它那长长的、尖尖的船头仍然眺望着大海。

一次不可能的碰撞

一艘远洋客轮在长途航行后驶进意大利热那亚港。一路归程中，它遭遇过危险的浅滩和热带风暴，但终于安全抵达了港口。客轮现在正缓缓向泊位驶去。

与此同时，一辆火车头正沿着码头的铁轨咯噔咯噔行驶着。

哪里出问题了，火车脱轨了。它继续向前走了几英尺，在码头的边缘停了下来。巨大的远洋客轮和火车头相撞了！

船头的那个大洞花了好几个月才修好。火车头也被严重损坏了。它为脱轨付出了沉重的代价。

蓝色的驱逐舰

蓝色、黑色和白色的油漆混在一起,可以调出战舰的灰色。

然而,在给塔什干号驱逐舰上漆时,蓝颜料加得太多,导致那艘船变成蓝色了。

战争期间,纳粹包围了塞瓦斯托波尔。塔什干号负责将伤员和妇女儿童从被围困的城市疏散到安全的高加索地区。

纳粹飞机整天在头顶上盘旋。它们的机翼下有成架的黑色炸弹,黑色十字低低地掠过水面。这些飞机在找塔什干号。法西斯们知道,驱逐舰需要一天一夜才能抵达安全地带。

飞机在天黑时飞走,第二天拂晓时分再飞回来。然而,他们没有找到塔什干号。这艘蓝色的驱逐舰是黑海舰队里最快的船。它在一夜间就走完了到高加索的全部距离。

革命之船

列宁格勒（今圣彼得堡）美丽的堤岸上，点缀着各种青铜和花岗岩制成的雕像和纪念碑。下雪的时候，雪就像白色的斗篷，披在雕像的肩头。

列宁格勒有一座纪念碑与众不同。它就是永久性停泊在涅瓦河上的阿芙乐尔号巡洋舰。

十月革命开始的时候，阿芙乐尔号从涅瓦河逆流而上，将炮口对准了冬宫——敌人的大本营。阿芙乐尔号发出的炮声是攻击冬宫的信号。

如今，阿芙乐尔号作为"十月革命"的纪念舰，供来自世界各地的人们参观和游览。

附近的堤坝上总是人头攒动，人们前来参观这艘传奇的军舰。

河的对岸是冬宫。它已经被改造成了一座博物馆。

奇妙的船